Tobias Kauf

Tourismus in Israel

GRIN Verlag

Bibliografische Information der Deutschen Nationalbibliothek:

Die Deutsche Bibliothek verzeichnet diese Publikation in der Deutschen National-
bibliografie; detaillierte bibliografische Daten sind im Internet über http://dnb.d-
nb.de/ abrufbar.

Impressum:

Copyright © 2008 GRIN Verlag GmbH
Druck und Bindung: Books on Demand GmbH, Norderstedt Germany
ISBN: 978-3-640-20581-3

Dieses Buch bei GRIN:

http://www.grin.com/de/e-book/117549/tourismus-in-israel

GRIN - Your knowledge has value

Der GRIN Verlag publiziert seit 1998 wissenschaftliche Arbeiten von Studenten, Hochschullehrern und anderen Akademikern als eBook und gedrucktes Buch. Die Verlagswebsite www.grin.com ist die ideale Plattform zur Veröffentlichung von Hausarbeiten, Abschlussarbeiten, wissenschaftlichen Aufsätzen, Dissertationen und Fachbüchern.

Besuchen Sie uns im Internet:

http://www.grin.com/

http://www.facebook.com/grincom

http://www.twitter.com/grin_com

Johannes Gutenberg-Universität Mainz

Geographisches Institut

Hauptseminar im Sommersemester 2008

Der Nahost-Konflikt: Politische, wirtschaftliche und soziale Hintergründe

Entwicklung und wirtschaftliche

Bedeutung des Tourismus in Israel

Erstellt von:

Tobias Kauf

Goographie Diplom (10 FS), Publizistik (9 FS), Soziologie (8 FS)

Inhaltsverzeichnis

1. Einleitung

Palästina und das heutige Israel liegen nicht nur seit jeher im Spannungsfeld geopolitischer und religiöser Auseinandersetzungen, sondern sind auch Zielort touristischer Aktivitäten seit über 3.000 Jahren. König Salomo errichtete erste Bäder am See Tiberias, Kleopatra residierte im Winter am Toten Meer und die Spuren römischer und byzantinischer Refugien am See Tiberias und im Jordantal sind heute noch zu finden (RITTER 1967: 169). Als Schmelztiegel und heiliges Land der drei monotheistischen Weltreligionen kamen seit jeher jüdische, muslimische und christliche Pilger ins Land, um die Wirkungsstätten ihrer Propheten und die Ursprünge ihres Glaubens zu erkunden. Im Zuge der zionistischen Besiedlung und der Wohlstandssteigerung seit der Industrialisierung wuchsen nicht nur Binnentourismus und Besucherzahlen an den heiligen Stätten, sondern begann auch der Ausbau der touristischen Infrastruktur Israels.

Heute präsentiert sich Israel als modernes Reiseland mit einem sehr großen touristischen Potential. 3.000 Jahre Kulturgeschichte an der Schnittstelle der westlichen und östlichen Kulturkreise haben viele Relikte der Menschheitsgeschichte hinterlassen. Über dem ganzen Land schwebt die Mystik des Ursprungs von Judentum, Christentum und Islam und in mediterranem Klima und westlicher Affinität wird ein breites Themenspektrum moderner touristischer Angebote wie Kultur-, Bade-, Wellness- und Aktivurlaub vorgehalten. Dabei profitiert das touristische Potential weiterhin von der geringen Landesfläche, welche etwa der Größe Hessens entspricht und viele Ziele somit per Tagesausflug erreichbar macht. Angesichts weltweit wachsender Tourismusmärkte hat Israel eine große Chance, den touristischen Sektor weiter auszubauen und die Wirtschaftsstruktur des Landes nachhaltig zu stärken.

Ob Israel in der Lage ist, sein touristisches Potential zu nutzen und welche Faktoren die Besucherströme beeinflussen, soll in dieser Arbeit gezeigt werden. Dabei möchte ich zunächst einen Überblick über die weltweite Entwicklung des internationalen Tourismus geben, bevor ich die Entwicklung und Bedeutung des Tourismus für Israel näher beleuchte und diese im Spiegel der politischen und wirtschaftlichen Lage diskutieren möchte.

2. Entwicklung und Trends des internationalen Tourismus

Wie in der Einleitung schon angedeutet, ist Tourismus keine Erfindung der Neuzeit. Der Massentourismus wie wir ihn kennen entwickelte sich jedoch erst langsam im Zeitalter der Industrialisierung, als mit zunehmendem Ausbau der Verkehrs- und Transportwege eine schnellere und günstigere Erreichbarkeit interessanter Orte entstand und das zu Wohlstand gekommene Bürgertum der Reiselust des Adels nachzueifern begann (NOWACK 2006: 26ff; WALZ 2004: 18).

Die explosionsartige Ausdehnung des internationalen Tourismus nach dem II. Weltkrieg wurde vor allem durch den wirtschaftlichen Aufschwung in den westlichen Ländern eingeleitet. Mit steigendem Einkommen und Wohlstand erfreute sich das für viele Menschen nun erreichbare Reisebedürfnis einer ständig wachsenden Nachfrage. Technischer Fortschritt im Transportsektor und steigender Individualverkehr senkten die Reisekosten bei gleichzeitig wachsenden Löhnen und sinkender Arbeitszeit. Steigendes Bildungsniveau und soziokulturelle Veränderungen, wie Individualisierung und Pluralisierung der Lebensstile, diversifizierten die touristische Nachfrage und die Angebotslage. Abbildung 1 zeigt die Entwicklung der internationalen Touristenankünfte von 1950 bis 2020. Diese lagen 1950 bei etwa 25 Millionen Ankünften, 50 Jahre später bei 693 Millionen Ankünften, was einer durchschnittlichen jährlichen Wachstumsrate von etwa 6% pro Jahr entspricht (ABU HASHEM 2003: 94ff).

Abb. 1: Entwicklung der internationalen Touristenankünfte 1950 bis 2020

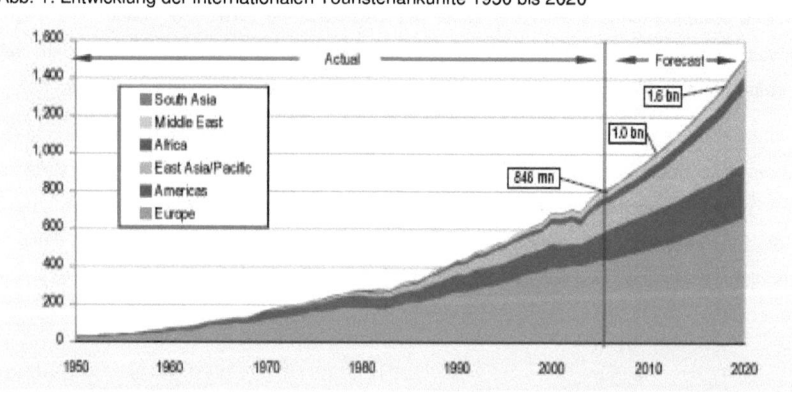

Quelle: UNWTO 2008: 11

Im Jahre 2006 wurden von der UNWTO rund 846 Millionen internationale Touristenankünfte registriert. 584 Billionen Euro Einnahmen bilden 9,9% des Weltsozialproduktes und 8,4% der weltweiten Arbeitsplätze. Bis 2020 sollen die intern. Touristenankünfte laut UNWTO konstant um jährlich 4% auf 1,5 Milliarden anwachsen und der Anteil am Sozialprodukt auf 10,5% steigen (UNWTO 2008; World Travel & Tourism Council 2008[1]).

Die räumliche Verteilung der internationalen Ankünfte konzentriert sich hauptsächlich auf die Industrienationen. Wie in Tabelle 1 zu sehen ist, fielen 2006 fast 2/3 aller Ankünfte auf Europa und Nordamerika. Der Nahe Osten (hier: Middle East) und Afrika haben mit jeweils knapp 5% die geringsten Zuströme internationaler Touristen, zeigen jedoch zusammen mit Asien die höchsten Wachstumsraten auf.

Tab. 1: Räumliche Verteilung der internationalen Ankünfte 1990-2006

	International Tourist Arrivals (million)					Market share (%)	Change (%)		Average annual growth (%)
	1990	1995	2000	2005	2006*	2006*	05/04	06*/05	'00-'06*
World	436	536	684	803	846	100	5.5	5.4	3.6
Europe	262.3	310.8	392.5	438.7	460.8	54.4	4.3	5.0	2.7
Northern Europe	28.3	35.8	42.6	51.0	54.9	6.5	7.8	7.6	4.3
Western Europe	108.6	112.2	139.7	142.6	149.8	17.7	2.6	5.0	1.2
Central/Eastern Europe	31.5	60.0	69.4	87.8	91.2	10.8	2.2	3.9	4.7
Southern/Mediter. Europe	93.9	102.7	140.8	157.3	164.9	19.5	5.9	4.8	2.7
Asia and the Pacific	56.2	82.5	110.6	155.3	167.2	19.8	7.8	7.7	7.1
North-East Asia	26.4	41.3	58.3	87.5	94.0	11.1	10.3	7.4	8.3
South-East Asia	21.5	28.8	36.9	49.3	53.9	6.4	4.9	9.3	6.5
Oceania	5.2	8.1	9.2	10.5	10.5	1.2	3.7	0.4	2.2
South Asia	3.2	4.2	6.1	8.0	8.8	1.0	4.7	11.0	6.4
Americas	92.8	109.0	128.2	133.2	135.9	16.1	5.9	2.0	1.0
North America	71.7	80.7	91.5	89.9	90.7	10.7	4.7	0.9	-0.2
Caribbean	11.4	14.0	17.1	18.8	19.4	2.3	3.7	3.5	2.2
Central America	1.9	2.6	4.3	6.3	7.0	0.8	13.2	10.8	8.2
South America	7.7	11.7	15.3	18.2	18.8	2.2	11.9	3.0	3.5
Africa	15.2	20.1	27.9	37.3	40.7	4.8	8.8	9.2	6.5
North Africa	8.4	7.3	10.2	13.9	14.9	1.8	8.9	7.4	6.5
Subsaharan Africa	6.8	12.8	17.7	23.3	25.8	3.0	8.8	10.4	6.5
Middle East	9.6	13.7	24.5	38.3	41.8	4.9	5.9	8.9	9.3

Quelle: UNWTO 2008: 11

Die Haupteinreisegründe für das Jahr 2006 werden in Abbildung 2 dargestellt. Dabei ist zu erkennen, dass über 50% aller Ankünfte dem Freizeit-, Urlaubs- und Erholungstourismus zufallen. Die Kategorie Besuch von Freunden und Verwandten, Religionstourismus und Sonstige ist zu 27% Haupteinreisegrund. Weitere 16% geben geschäftliche Angelegenheiten als Einreisegrund an, 6% wurden nicht näher spezifiziert.

Abb. 2: Haupteinreisegründe 2006

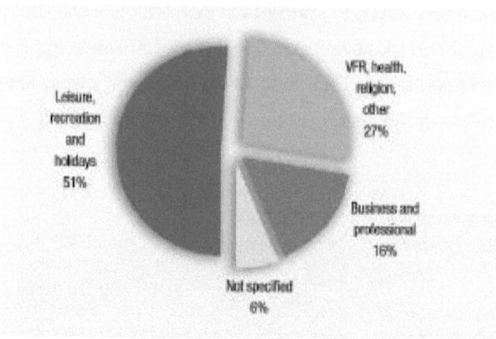

Quelle: UNWTO 2008: 3

Der Tourismus ist also in den letzten 50 Jahren zu einem global enorm wichtigen Wirtschaftszweig herangewachsen, welcher Job- und Entwicklungsmotor für ganze Regionen darstellen und einen wichtigen Teil zum Sozialprodukt eines Landes beitragen kann. Gerade die Staaten Afrikas und Asiens, sowie der Nahe Osten haben in den letzten 10 Jahren die größten Wachstumsraten verzeichnen können und sehen im Ausbau ihrer touristischen Destinationen einen entscheidenden Faktor zur Reduzierung der Armut (LIPMAN 2008; GORMSEN 1996: 11). Teile der Arabischen Welt wiederum sehen sich jüngst einem anhaltenden Imageverlust ausgesetzt, der durch die Anschläge des 11. September 2001 und den andauernden „Krieg gegen den Terror" ausgelöst wurden. Die Sicherheitslage, beziehungsweise das mediale Abbild dieser, hat einen enormen Stellenwert bei der Wahl des Urlaubsortes. Länder die überwiegend auf westliche Zielgruppen ausgerichtet waren, mussten herbe Besucherrückgänge hinnehmen (AL-HAMARNEH 2004: 342). Die Auswirkung der Sicherheitslage auf den Tourismus in Israel wird in Kapitel 5 nochmals aufgegriffen und am Beispiel erläutert.

Internationaler Tourismus bedeutet aber nicht nur Prosperität und Aufschwung, sondern bringt viele Probleme wirtschaftlicher, sozialer und ökologischer Art mit sich, die an dieser Stelle nicht weiter ausgeführt werden. Sicher ist, dass Erkenntnis und Integration dieser Problemfelder in die zukünftigen touristischen Entwicklungspläne, für ein nachhaltiges touristisches Wachstum von zentraler Bedeutung ist (Büro für Technikfolgen 1999).

3. Tourismus im Heiligen Land

Nachdem der internationale Tourismus nun hinreichend beleuchtet wurde, widmen sich die folgenden Abschnitte dem Tourismus in Israel. Dabei möchte ich primär den internationalen Tourismus und sekundär den Binnenfreizeitverkehr beleuchten, da die Quellenlage diesbezüglich stark veraltet ist. Nichts desto trotz spielt der Binnenreiseverkehr vor allem für den Aufbau der heutigen touristischen Infrastruktur und für die international konkurrenzfähige Angebotslage eine entscheidende Rolle, denn die freizeitgestalterischen Bedürfnisse der eingewanderten jüdischen Bevölkerung entsprechen in einem hohem Maße denen der heutigen internationalen Zielgruppen aus der westlichen Welt.

3.1 Entwicklung der touristischen Infrastruktur

Internationaler Tourismus ins heutige Israel hat seine Ursprünge in den christlichen, jüdischen und muslimischen Pilgereisen, welche vor allem seit dem Mittelalter beständige Zunahme erfuhren. Der Besuch der heiligen Stätten nimmt auch heute noch eine sehr große Bedeutung für den internationalen Tourismus ein, wie wir in Kapitel 4 noch sehen werden. Um 1840 wurden die ersten organisierten christlichen Pilgerreisen ins Heilige Land angeboten, welche sich immer stärkerer Nachfrage erfreuten, so dass um die Jahrhundertwende viele Hotels und Unterkünfte nach europäischem Vorbild im heutigen Israel entstanden sind. Der für den landesweiten Tourismus essentielle Ausbau der Verkehrsinfrastruktur begann mit der zionistischen Besiedlung und wurde nach dem ersten Weltkrieg verstärkt voran getrieben. Die schnell wachsende jüdische Stadtbevölkerung der 1930er und 1940er Jahre hatte ein hohes Bedürfnis nach europäisch geprägter Freizeitgestaltung, welches den Ausbau der heute noch bedeutsamen Bade-, Erholungs- und Ausflugsdestinationen zur Folge hatte (RITTER 1967: 169ff; MÖLLER 1981: 100).

Abbildung 3 zeigt die Verteilung und Art der touristischen Einrichtungen um 1960. Zu erkennen ist die Konzentration der Baderessorts an der Mittelmeerküste von Ashqelon im Süden bis Nahariya im Norden. Weitere wichtige Standorte des Badetourismus sind die Regionen am See Tiberias und Eilath am Roten Meer, in geringerer Konzentration auch am Toten Meer. Tel Aviv, Haifa und Jerusalem bilden die großen Touristenzentren, welche 1965 62% aller Übernachtungen internationaler Touristen verbuchen konnten (RITTER 1967: 175).

3.2 Touristisches Angebot heute

Um einen Überblick und einen Eindruck zur heutigen Angebotslage und Vermarktungsstrategie zu erlangen und einen Vergleich zu der in Kapitel 3.1 geschilderten Tourismusstruktur zu ermöglichen, untersuchte ich zunächst die Internetpräsenz des Staatlichen Israelischen Verkehrsbüros. Die Angaben der folgenden Absätze stammen aus eigener Recherche und Bewertung von www.goisrael.com und den dort verlinkten Seiten.

Demnach präsentiert sich Israel als modernes, westlich affines Reiseland. Es hat seine Angebotslage stark diversifiziert und vor allem auf die Bedürfnisse der westlichen Welt zugeschnitten. Eine weitreichende Themenpalette wird kommuniziert: Unter dem Slogan „Sun & Fun" bewirbt das Land seine zahlreichen Bade- und Unterhaltungsangebote an den Stränden der Mittelmeerküste, dem Golf von Akaba und dem Toten Meer. „Beauty & Wellness" und „Gesundheits- & Kurangebote" bietet vor allem die Region am Toten Meer. Die faszinierende landschaftliche Vielfalt des Landes lädt dazu ein, die zahlreichen Möglichkeiten für „Aktivurlaub" zu erleben. Mountainbiking, Klettern, Wandern, Jeepsafari uvm. sind im Norden Galiläas und in der Negevwüste angeboten. „Pilgerreisen" und „Geschichte & Kultur" werden vor allem in die Städte Jerusalem und Tel Aviv, aber auch an die im ganzen Land verstreuten kulturellen Sehenswürdigkeiten angeboten. Vor allem Jerusalem ist mit kulturellen Sehenswürdigkeiten und heiligen Stätten gespickt, bietet aber – im übertragenen Sinne – auf der anderen Straßenseite ein westliches, postmodernes Stadtbild mit großen Shopping Malls und einem

Abb. .3: Verteilung touristischer Einrichtungen um 1960

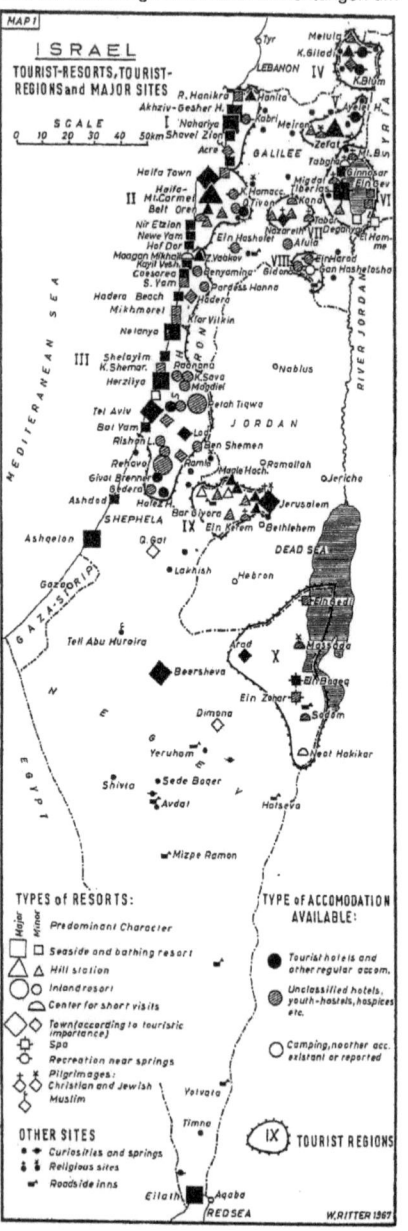

Quelle: Ritter 1967:174

ausgeprägten Nachtleben. Vor allem die Trend- und Partymetropole Tel Aviv wird als das moderne, weltliche Israel präsentiert und garantiert Unterhaltungsangebote für alle Altersklassen. „Kibbutzaufenthalte" locken mit dem Eintauchen in eine gelebte, umsichtige und sozialistische Gesellschaftsideologie. Die geplanten Agrarsiedlungen sollen vor allem für Individualreisende eine attraktive Destination darstellen. Mittlerweile sind die Kibbutzim zu multifunktionalen Wirtschaftsbetrieben umstrukturiert. Unter der Dachmarke „The Israel Kibbutz Hotel Chain" organisiert, bietet diese zentrale Buchungsmöglichkeiten für alle Kibbutzim in Israel an. Unterkünfte der oberen Mittelklasse suchen Erweiterung der Zielgruppe in Richtung junger Familien und bieten sozusagen „Urlaub auf dem Bauernhof" in Israel an.

Festzuhalten ist, dass Israel ein sehr vielseitiges touristisches Angebot vorhält, weltweit einzigartige Sehenswürdigkeiten bietet und nicht zuletzt wegen der westlichen Affinität und der geringen Landesgröße – alle Attraktionen sind in ein oder zwei Tagesetappen erreichbar – ein faszinierendes Urlaubserlebnis verspricht. Dabei richtet sich das Angebot stark an die Zielgruppen der westlichen Welt. Arabische Reisende werden in der Werbestrategie völlig ausgeblendet. Die aktuelle Lage der israelischen Tourismusindustrie erfährt im folgenden Kapitel nähere Betrachtung.

4. Die aktuelle Lage des touristischen Sektors in Israel

Wie in Tabelle 2 zu erkennen, kamen im Jahr 2006 etwa 1,8 Millionen Touristen nach Israel, davon fast 54% aus Europa und weitere 33% aus Amerika. Die Zielgruppe stammt somit zu 87% aus den westlichen Industrienationen. Aussagen zur gesamten Entwicklung der Besucherzahlen seit dem Bestehen des Staates werden im folgenden Kapitel getroffen, um nicht zu weit vorzugreifen.

Tab.2: Einreisende nach Herkunftsland (Auswahl)

Country of origin	2002	2003	2004	2005	2006	Percentage of change 2006/2005	Percentage of Jews 2006
			Thousands				
Total	862	1,063	1,506	1,902	1,825	-4	38
United States	206	272	379	457	494	8	38
France	117	174	257	311	251	-10	86
United Kingdom	97	104	146	157	161	3	71
Germany	39	49	76	105	90	-14	18
Italy	17	26	42	73	73	7	41
Russia	37	41	56	68	58	-21	..
Canada	25	31	44	51	51	0	36
Netherlands	23	27	40	50	43	-14	14

Quelle: Israel Central Bureau of Statistics 2007

Die Haupteinreisegründe der Touristen gestalten sich wie folgt: 37% der internationalen Gäste reisten ein, um Freunde und Verwandte zu besuchen, 27% gaben an auf einer Pilgerreise zu sein, 19% der Touristen kamen zum Zwecke einer Reise (Touring), 11% gaben geschäftliche und 6% andere Gründe (vgl. Abb.4).

Abb. 4: Haupteinreisegründe internationaler Touristen 2006

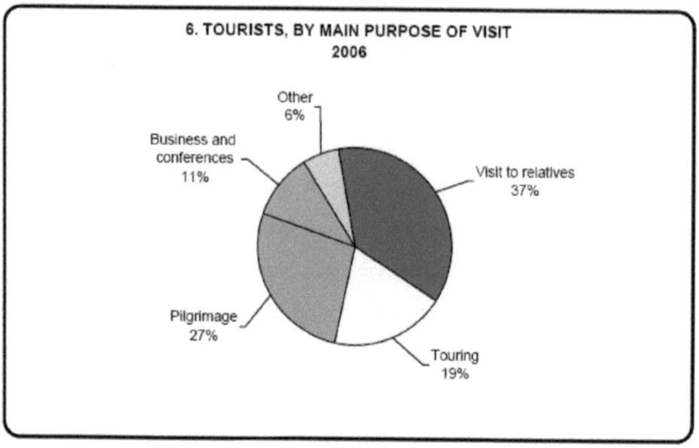

6. TOURISTS, BY MAIN PURPOSE OF VISIT
2006

Other 6%

Business and conferences 11%

Visit to relatives 37%

Pilgrimage 27%

Touring 19%

Quelle: Israel Central Bureau of Statistics 2007

Ein Vergleich mit Abbildung 2 in Kapitel 2 ist nur bedingt möglich, da die Kategorien für die Haupteinreisegründe anders gefasst wurden. Jedoch wird aus dieser Abbildung deutlich, dass der Pilgertourismus, nach dem Besuch von Freunden und Verwandten den größten Teil der Einreisenden ausmacht. Der Religionstourismus hat für den internationalen Tourismus also eine enorme Bedeutung. Die Hintergründe für den hohen Anteil an Verwandtschaftsbesuchen entziehen sich bisweilen einer genaueren Klärung. Auf Grund der Sicherheitslage war das Jahr 2006 von niedrigen Einreisezahlen gekennzeichnet. Man könnte vermuten, dass die Absicht Freunde und Verwandte zu besuchen weniger stark von der Sicherheitslage beeinträchtigt wird und somit der Anteil dieser Gruppe zunimmt. Diese Behauptung kann jedoch nicht überprüft werden, da das CBS leider keine vergleichbaren Daten aus den Jahren zuvor bereit stellt.

Abbildung 5 zeigt, dass die aktuellen touristischen Zentren fast mit denen der 1950er und 1960er Jahre übereinstimmen. 56% aller Touristenübernachtungen fallen auf Jerusalem und Tel Aiviv-Yafo. Haifa hat an internationalen Übernachtungen eingebüßt und taucht in dieser Darstellung nicht gesondert auf. Eilat verbucht 12% aller Touristennächte und ist somit an dritter Stelle betreffend die Übernachtungszahlen.

Abb. 5: Übernachtungen von Touristen nach Orten 2006

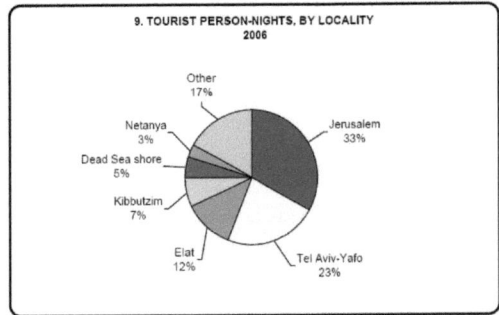

Quelle: Israel Central Bureau of Statistics 2007

Das Israel Central Bureau of Statistics gibt weiterhin an, dass im Jahr 2006 72% aller Touris-
ten Jerusalem und 53% Tel Aviv-Yafo besuchten. Weitere 42% aller Touristen waren am
Toten Meer und 41% am See Tiberias. Haifa besuchten 23% aller internationalen Gäste, und
Eilat wurde von 15% der Touristen besucht. (Israel Bureau of Statistics 2007).

Betrachtet man das Verhältnis zwischen Übernachtungen internationaler Gäste und den Ü-
bernachtungen von Israelis für die einzelnen Orte, so wird erneut deutlich, wo sich die Zentren des internationalen Tourismus/Binnentourismus befinden. Abbildung 6 bestätigt, dass in
Jerusalem und Tel Aviv-Yafo etwa 75% aller Übernachtungen im Jahre 2006 von internationalen Gästen gemacht wurden. Im Mittelmeerbadeort Netanya sind sowohl Israelis als auch
internationale Touristen zu jeweils etwa 50% an den Übernachtungszahlen beteiligt. Die Ü-
bernachtungen am Toten Meer und in Eilat wurden jeweils zu mehr als 85% von Israelis er-
bracht. Somit kann man davon ausgehen, dass das Tote Meer zwar von 42% aller internationalen Gäste, jedoch zumeist innerhalb eines Tagesausfluges besucht wird. Eilat scheint,
wie MÖLLER (1981: 85) bereits feststellte, nach wie vor ein Zentrum binnentouristischer Akti-
vität zu sein und von den internationalen Gästen mäßige Beachtung zu finden.

Abb. 6: Übernachtungen in bestimmten Orten nach Touristen und Israelis 2006

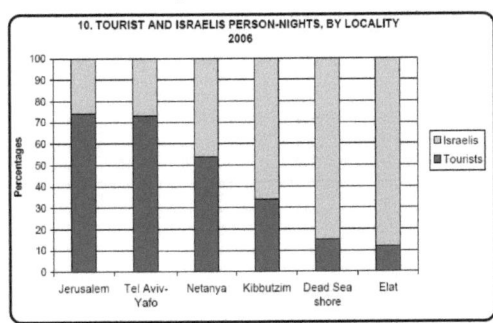

Quelle: Israel Central Bureau of Statistics 2007

10

Tabelle 3 lässt hierzu noch genauere Rückschlüsse zu. Orte deren Übernachtungszahlen überwiegend vom internationalen Touristen stammen sind gelb markiert und blaue Markierungen für überwiegend aus dem Binnentourismus stammend. Aus der Tabelle geht weiterhin hervor, dass die Raumbelegungsrate im Jahr 2006 nur bei 58% lag und 35,5% der Übernachtungen von internationalen Gästen stammen.

Tab.3: Übernachtungen von Touristen und Israelis in klassifizierten Hotels 2006

TOURIST HOTELS, ROOMS, OCCUPANCY, PERSON-NIGHTS, REVENUE AND JOBS IN TOURIST HOTELS IN SELECTED LOCALITIES 2006

Locality	Jobs (Thereof: From tourists)	Revenue — Thereof: From tourists	Revenue — Total	Person-nights — Thereof: Tourists (PER-CENT-AGES)	Person-nights — Thereof: Tourists	Person-nights — Total	Room occupancy	Rooms — In opened hotels (2)	Rooms — Tourist hotels (1)	Hotels (1)	
	MONTHLY AVERAGE	MILLION $ US		PER-CENT-AGES	THOUSANDS		PERCENTAGES	MONTHLY AVERAGE	END OF YEAR		
TOTAL	24,793	534.3	1,468.1	35.5	6,854.1	19,307.7	58.0	43,540	46,534	331	סך הכל
Thereof:											מזה:
Jerusalem	4,147	166.2	255.0	73.3	2,296.6	3,133.6	51.6	8,658	9,107	66	ירושלים
Thereof:											מזה:
West Jerusalem	3,588	150.8	230.4	71.7	2,023.5	2,820.9	55.3	7,183	7,167	35	מערב ירושלים
Tel Aviv-Yafo	3,077	157.4	255.6	72.1	1,581.3	2,191.9	65.2	5,821	5,830	45	תל אביב-יפו
Haifa	1,109	15.8	50.4	39.8	184.7	463.5	52.2	1,437	1,458	13	חיפה
Elat	7,393	61.1	409.3	11.5	767.8	6,651.6	67.9	10,551	10,842	50	אילת
Ashqelon	..	..	..	30.1	53.0	176.3	51.4	488	538	4	אשקלון
Be'er Sheva	..	..	..	20.9	26.7	127.9	38.0	456	456	5	באר שבע
Bat Yam	..	..	..	49.2	41.3	83.9	53.2	226	526	5	בת ים
Herzeliyya	554	25.0	44.8	66.1	172.9	261.7	64.3	689	689	5	הרצליה
Zikhron Ya'akov	..	..	..	23.1	22.1	95.5	42.4	276	388	4	זכרון יעקב
Tiberias	1,831	21.5	76.7	33.0	398.6	1,207.0	44.8	3,422	3,962	31	טבריה
Nahariyya	..	..	..	20.8	24.0	115.6	41.0	398	511	7	נהריה
Netanya	589	11.8	24.5	53.4	242.4	454.1	51.7	1,204	1,452	19	נתניה
Arad	..	..	..	35.4	39.9	112.8	35.8	388	388	3	ערד
Zefat	..	..	..	23.1	25.2	109.0	39.7	342	346	6	צפת
Ramat Gan	..	..	..	40.0	60.0	150.0	64.0	408	408	3	רמת גן
Dead Sea shore	2,253	27.1	167.3	14.7	314.8	2,144.5	71.2	3,917	4,011	15	שפת ים המלח
Thereof:											מזה:
Guest houses in kibbutzim & moshavim	1,843	23.6	92.6	33.6	455.8	1,354.7	55.6	2,988	3,021	20	בתי הארחה בקיבוצים ובמושבים

1. Incl. hotels temporarily closed.
2. Monthly average. Calculated by dividing number of potential rooms by number of days in the month.

1. כולל בתי מלון סגורים זמנית.
2. ממוצע לחודש. מחושב על סמך חלוקת החדרים האפשריים במספר הימים בחודש.

Quelle: Israel Central Bureau of Statistics 2007

11

Der touristische Sektor Israels erwirtschaftete im Jahr 2007 mit 9,8 Milliarden US$ etwa 6,7% des Bruttosozialproduktes und stellte 202.000, also 7,8% aller Arbeitsplätze zur Verfügung (WTTC 2007). Diese Werte zeigen zwar, dass die Tourismusindustrie einen hohen Stellenwert für die Wirtschaftsstruktur des Landes hat, jedoch liegen diese weit unter den in Kapitel 2 angegeben weltweiten Durchschnittswerten. Die Wachstumschancen werden vom WTTC ebenfalls stark unterdurchschnittlich prognostizieret. So soll im Jahr 2018 der Tourismus in Israel 6,6% zum BSP und 7,7% der Arbeitsplätze schaffen (WTTC 2008[2]: 11). Das Staatliche Israelische Verkehrsbüro sieht die Zukunft weitaus optimistischer. So werden für 2008 – dem 60 jährigen Bestehen Israels – rund 3 Millionen ausländische Gäste erwartet und bis 2012 ist angepeilt, die Zahl der ausländischen Besucher auf 5 Millionen zu steigern (Der Westen 2008).

Festzuhalten bleibt, dass das vermutete touristische Potential Israels aktuell nicht zu erkennen ist. Obwohl die Touristiker des Landes einen starken Aufschwung erwarten, die Prognosen des WTTC für Israels touristische Entwicklung kündigen eine Stagnation an. Kapitel 5 soll nun zeigen, welche Faktoren die defizitären Ergebnisse hervorrufen.

5. Das touristische Potential im Spiegel der Entscheidungsfaktoren und der politischen Lage

Die individuelle Entscheidung für oder gegen eine Reise ist Resultat des Wirkungsgefüges von verschiedenen Push und Pull Faktoren. Die Push Faktoren werden vom Touristen selbst bestimmt und entsprechen den individuellen Anforderungen an die touristische Destination. Die Entscheidung für eine bestimmte Destination wird durch Abschätzung zur Erfüllung dieser Bedürfnisse gesteuert. Touristische Pull Faktoren sind die Eigenschaften einer Destination, wie zum Beispiel geographische Lage, Klima, Reisekosten, Qualität der Unterkünfte, Einzigartigkeit der Sehenswürdigkeiten, Sicherheitslage und Image. Sämtliche negativen Entwicklungen dieser Faktoren resultieren in einer veränderten Rezeption der Attraktivität einer Destination, wobei eine sinkende Servicequalität nicht sofort – wohl aber sukzessive – in einbrechenden Besucherzahlen mündet. Eine veränderte Sicherheitslage kann jedoch sofortige Auswirkungen auf den Besuch eines bestimmten Urlaubslandes haben, wie in Kapitel 2 ja bereits erwähnt. Im Kontext der Multioptionalität der globalen Tourismusangebote stellt das Sicherheitsbedürfnis für viele Touristen einen maßgeblichen Entscheidungsfaktor gegenüber einer Destination dar. Auch wenn der Einzelne wenig direkte Informationen zur tatsächlichen Tragweite der veränderten Sicherheitslage besitzt – das in der Medienberichterstattung vermittelte Image der Sicherheitslage spielt für den Entscheidungsprozess eine primäre Rolle (MANSFELD 1993: 133; MEYER, AL HAMARNEH, STEINER 2005).

Betrachtet man die eben geschilderten Annahmen zur Auswirkung der Sicherheitslage am Beispiel Israels, so lässt sich feststellen, dass die Gästezahlen – wie in Abbildung 7 bis 10 deutlich wird – zeitgleich mit dem einsetzen der Krisen schrumpfen.

Abb. 7: Touristenankünfte und Krisen 1948-1970

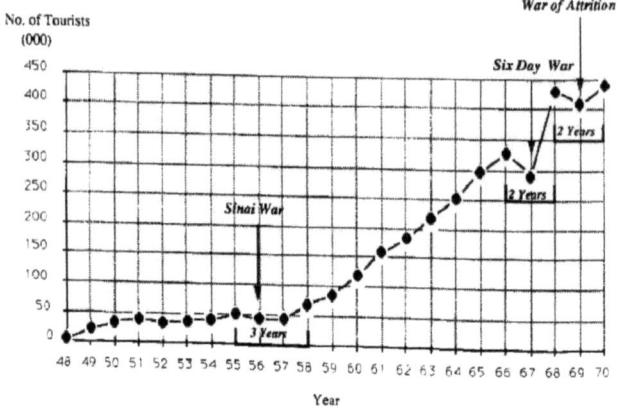

Quelle: MANSFELD 1993: 136

Abb. 8: Touristenankünfte und Krisen 1971-1989

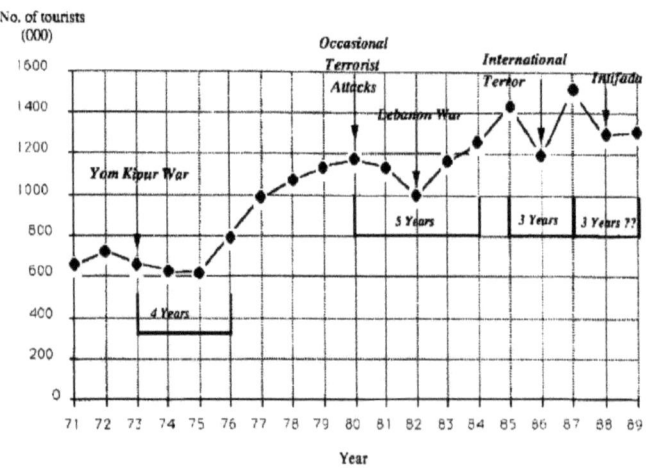

Quelle: MANSFELD 1993: 137

Abb.10: Touristenankünfte und Krisen 1990-2006

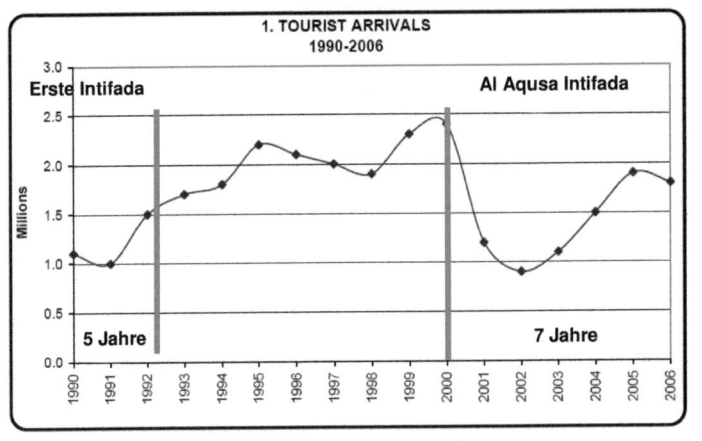

Quelle: Isreal Central Bureau of Statistics 2007: eigene Modifikation

2007: 2,3 Mio. Gäste

Weiterhin wird deutlich, dass der Entwicklungstrend nach Beendigung der Krisen relativ schnell wieder nach oben zeigt. Die erste und zweite Intifada haben bisher die stärksten und längsten Auswirkungen auf die Gästezahlen gehabt. Erst fünf Jahre nach Beginn der ersten Intifada und sieben Jahre nach Beginn der Al Aqusa Intifada erreichten die Besucherzahlen wieder die jeweiligen Niveaus vor den Krisen. Es ist zu erwarten, dass die anhaltend prekäre politische Situation in Nahost weiterhin für starke Schwankungen der Gästezahlen sorgen wird und das Image des Landes vorwiegend durch negative Berichterstattung geprägt sein wird, solange den Konflikten keine langfristigen Lösungsansätze gegenüber stehen. Aus einem Artikel des Onlinemagazins „Der Westen" vom 10.03.2008 geht hervor, dass Israel als Reisland großes Interesse In Deutschland wecke, jedoch nur etwa 15% der Interessierten sich für eine Israelreise entscheiden. Auch hier wird die unstete Sicherheitslage als Haupursache genannt.

Ein weiterer Faktor für die defizitäre touristische Entwicklung liegt meiner Ansicht nach im großen internationalen Konkurrenzdruck auf die touristischen Themenkomplexe Israels. Vor allem hinsichtlich der badetouristischen Destinationen besteht ein großer Konkurrenzmarkt – also Multioptionalität. Allein die europäische Mittelmeerküste bietet den Hauptzielgruppen zahlreiche Alternativen in geringerer Entfernung und bei ähnlichem Preisniveau. Die Recherche ergab, dass ein Doppelzimmer in Hotels der drei Sterne Kategorie in Tel Aviv, Netanya und Ashqelon zwischen 64€ und 120€ pro Nacht kostet. Im Winter sind die Temperaturen an der Mittelmeerküste zu niedrig (Januar: ~12°C durschn. Lufttemperatur; ~18°C Wassertemperatur), um für einen Strandurlaub attraktiv zu sein. Einzig Eilat stellt eine winterliche Alternative für den europäischen Badetourismus dar (Januar: ~15°C durchschn. Lufttemp; ~22°C

Wassertemp). Hotelpreise zwischen 80€ bis 120€ pro Nacht für ein drei Sterne Hotel entsprechen dem Preisniveau des Konkurrenzmarktes im Südsinai (Die Hotelpreise wurden über Hotels.com und Lonely Planet Israel recherchiert; die Temperaturangaben über www.klimadiagramme.de).

Doch bisher ist Eilat, wie wir in Kapitel 4 gesehen haben, vorrangig das Ziel binnentouristischer Aktivitäten. Eine Ausrichtung auf den internationalen Tourismus scheint erst in jüngster Zeit vorangetrieben zu werden, wie aus der Pressemitteilung des Magazins „Israel heute" vom 18.11.2007 hervorgeht. Weiterhin sind die touristischen Angebote wie Gesundheit & Wellness sowie Aktiv- oder Städteurlaub einer mindestens ebenso großen globalen Konkurrenz ausgesetzt, wie die Badeangebote. Nichts desto trotz ist die zögerliche touristische Entwicklung Israels wohl primär auf die instabile Sicherheitslage und dem damit verbundenen Image eines permanenten Krisenherdes zurück zu führen.

6. Zusammenfassung und Ausblick

Der Tourismus ist in den letzten 60 Jahren zu einem sehr wichtigen wirtschaftlichen Standbein für viele Länder dieser Erde geworden. Die anhaltenden Wachstumsraten geben vielen Nationen eine optimistische Perspektive für gesamtwirtschaftlichen Aufschwung und Prosperität. Israel profitiert dabei von der Tatsache, dass die 3.000 Jahre alte Kulturgeschichte schon immer touristische Attraktivität ausstrahlte und die zionistische Besiedlung ein westlich geprägtes touristisches Angebot hervor brachte und das Land somit für Reisende der westlichen Länder besonders Attraktiv zu sein scheint. Dabei stellt der Mythos des heiligen Landes den absoluten Zugpferdcharakter für den touristischen Sektor dar. Die restlichen Themen der Urlaubs- und Freizeitindustrie bieten zwar unabdingbare Ergänzungen, um die Attraktivität weiter zu steigern und die Aufenthaltsdauer auszudehnen, stehen aber in starker Konkurrenzlage einer globalen Multioptionalität, so dass diese als primäres Werbeinstrument unwirksam wären.

Die anhaltend instabile Sicherheitslage schränkt das touristische Wachstum jedoch enorm ein und bisher konnte keine längere Friedensphase das touristische Potential konsolidieren. Die Hauptzielgruppen zeigen sich durch das anhaltende Gefahrpotential stark verunsichert, eine Reise ins heilige Land anzutreten. Es ist sehr deutlich zu erkennen, dass touristisches Wachstum in Israel absolut vom voranschreiten des Friedensprozesses abhängig ist. Sollte in naher Zukunft kein dauerhaftes Abkommen erreicht werden, ist der Optimismus der israelischen Touristiker nichts als heiße Luft und die Prognosen des WTTC realer, als man sich wünschen würde.

7. Literatur und Quellen

ABU HASHEM, Y. (2003): Entwicklungschancen für die Region Bethlehem unter besonderer Berücksichtigung des Tourismus- und Landwirtschaftssektors. Dissertation

AL-HAMARNEH, A. (2004): Islamischer Tourismus: eine Chance für die Arabische Welt? In: MEYER, G. (Hrsg.): Die Arabische Welt im Spiegel der Kulturgeographie. 340-346

Büro für Technikfolgen (1999): Entwicklung und Folgen des Tourismus. Zusammenfassung des TAB-Arbeitsberichtes Nr. 59. Internet unter: http://www.tab.fzk.de/de/projekt/ zusammenfassung/ab59.htm (01.07.08)

Der Westen – Das Portal der WAZ Mediengruppe: Israel wird 60 – Tourismus soll wieder kräftig zulegen. Pressemeldung vom 10.03.2008. Internet unter: http://www. derwesten.de/ nachrichten/reise/2008/3/10/news-29463454/detail.html (06.07.08)

GORMSEN, E (1996): Tourismus in der Dritten Welt. Ein Überblick über drei Jahrzehnte kontroverser Diskussion. In: MEYER, G.; THIMM, A. (Hrsg.): Interdisziplinärer Arbeitskreis Dritte Welt. Band 10: Tourismus in der Dritten Welt. 11-46

Hotels.com LP: Internet unter: http://deutsch.hotels.com (06.07.08)

Israel Central Bureau of Statistics (2006): Statistilite No. 58. Tourism in Israel 2005. Internet unter: http://www1.cbs.gov.il/www/statistical/touris2005e.pdf (03.06.08)

Israel Central Bureau of Statistics (2007): Tourism Annual Data 2006. Internet unter: http://www1.cbs.gov.il /www/tourism_sp/e_mavo_tourism.pdf (03.06.08)

Israel Heute: Neue Werbekampagne für Eilat. Pressemeldung vom 18.11.2007. Internet unter: http://www.israelheute.com/default.aspx?tabid=130&view=item&idx=1624 (06.07.08)

Klimadiagramme weltweit: Internet unter: http//:www.klimadiagramme.de (06.07.08)

LIPMAN, G. (2008): Emerging Tourism Markets – The Coming Economic Boom. UK Tourism Society Annual Meeting. Internet unter: http://www.tourismsociety.org/Conference% 2008/Geoffrey%20Lipman.pdf (07.08.08)

MANSFELD, Y. (1993): Turbulent Security Environment And Variable Prospensity To Travel: The Case Of Israel, 1948-1989. In: Tidschrift voor Economische en Sociale Geografie. Band 84. 132-143

MEYER, G.; AL HAMARNEH, A. & STEINER, C. (2005): Krisen, Kriege, Katastrophen und ihre Auswirkungen auf den Tourismusmarkt. Abstract zum 55. Deutschen Geographentag Trier

MÖLLER, H. (1981): Der Binnenfreizeitverkehr in Israel. Zu Struktur und geographischen Problemen des Freizeitverhaltens der israelischen Bevölkerung. In: Eichstädter Beiträge. Band 1. 71-104

Nowack, T. (2006): Rhein, Romantik, Reisen. Der Ausflugs- und Erholungsreiseverkehr im Mittelrheintal im Kontext gesellschaftlichen Wandels (1890 bis 1970). Dissertation

RAPHAEL, M; KOHN, M. (2007): Lonely Planet Israel & The Palestinian Territories

RITTER, W. (1967): Some Geographical Aspects Of Tourism And Recreation In Israel. In: Tidschrift voor Economische en Sociale Geografie. Band 58. 169-182

Staatliches Israelisches Verkehrsbüro. Internet unter: www.goisrael.com (03.06.08)

United Nations World Tourism Organization (2008): UNWTO Tourism Highlights, Edition 2007. Internet unter: http://www.unwto.org/facts/eng/pdf/highlights/highlights_07_eng_hr.pdf (03.06.08)

WALZ, V (2004): Jerusalem Tourism Development Programme. In: Dortmunder Beiträge zur Raumplanung. Band 25

World Travel & Tourism Council (2007): Israel. The 2007 Travel & Tourism Economic Research. Internet unter: http://www.wttc.org/bin/pdf/temp/israel.html (03.06.08)

World Travel & Tourism Council (2008[1]): The 2008 Travel & Tourism Economic Research. Executive summary. Internet unter: http://www.wttc.org/bin/pdf/original_pdf_file/exec_summary_final.pdf (03.06.08)

World Travel & Tourism Council (2008[2]): The 2008 Travel and Tourism Economic Research. Israel. Internet unter: http://www.wttc.org/bin/pdf/original_pdf_file/israel.pdf (03.06.08)